THE SCHOOL
MATHEMATICS PROJECT

ELEMENTARY
TABLES

SECOND EDITION
[METRIC]

CAMBRIDGE
AT THE UNIVERSITY PRESS
1969

Published by the Syndics of the Cambridge University Press
Bentley House, 200 Euston Road, London NW1 2DB
American Branch: 32 East 57th Street, New York, N.Y.10022

This edition © Cambridge University Press 1967

ISBN: 0 521 07112 7

First edition 1964
Reprinted 1965
Second edition 1967
Reprinted and metricated 1969
Reprinted 1970 1971 1972 1973

Printed in Great Britain
at the University Printing House, Cambridge
(Brooke Crutchley, University Printer)

TABLES

OF

SINES COSINES TANGENTS

LOGARITHMS

RECIPROCALS

SQUARES SQUARE ROOTS

TRIGONOMETRICAL FORMULAE

ALGEBRAICAL NOTATION

CIRCUMFERENCE, AREA AND
VOLUME FORMULAE

MEASURES AND
PHYSICAL CONSTANTS

SINES

Angle in degrees	·0	·1	·2	·3	·4	·5	·6	·7	·8	·9
0	0·000	·002	·003	·005	·007	·009	·010	·012	·014	·016
1	0·017	·019	·021	·023	·024	·026	·028	·030	·031	·033
2	0·035	·037	·038	·040	·042	·044	·045	·047	·049	·051
3	0·052	·054	·056	·058	·059	·061	·063	·065	·066	·068
4	0·070	·071	·073	·075	·077	·078	·080	·082	·084	·085
5	0·087	·089	·091	·092	·094	·096	·098	·099	·101	·103
6	0·105	·106	·108	·110	·111	·113	·115	·117	·118	·120
7	0·122	·124	·125	·127	·129	·131	·132	·134	·136	·137
8	0·139	·141	·143	·144	·146	·148	·150	·151	·153	·155
9	0·156	·158	·160	·162	·163	·165	·167	·168	·170	·172
10	0·174	·175	·177	·179	·181	·182	·184	·186	·187	·189
11	0·191	·193	·194	·196	·198	·199	·201	·203	·204	·206
12	0·208	·210	·211	·213	·215	·216	·218	·220	·222	·223
13	0·225	·227	·228	·230	·232	·233	·235	·237	·239	·240
14	0·242	·244	·245	·247	·249	·250	·252	·254	·255	·257
15	0·259	·261	·262	·264	·266	·267	·269	·271	·272	·274
16	0·276	·277	·279	·281	·282	·284	·286	·287	·289	·291
17	0·292	·294	·296	·297	·299	·301	·302	·304	·306	·307
18	0·309	·311	·312	·314	·316	·317	·319	·321	·322	·324
19	0·326	·327	·329	·331	·332	·334	·335	·337	·339	·340
20	0·342	·344	·345	·347	·349	·350	·352	·353	·355	·357
21	0·358	·360	·362	·363	·365	·367	·368	·370	·371	·373
22	0·375	·376	·378	·379	·381	·383	·384	·386	·388	·389
23	0·391	·392	·394	·396	·397	·399	·400	·402	·404	·405
24	0·407	·408	·410	·412	·413	·415	·416	·418	·419	·421
25	0·423	·424	·426	·427	·429	·431	·432	·434	·435	·437
26	0·438	·440	·442	·443	·445	·446	·448	·449	·451	·452
27	0·454	·456	·457	·459	·460	·462	·463	·465	·466	·468
28	0·469	·471	·473	·474	·476	·477	·479	·480	·482	·483
29	0·485	·486	·488	·489	·491	·492	·494	·495	·497	·498
30	0·500	·502	·503	·505	·506	·508	·509	·511	·512	·514
31	0·515	·517	·518	·520	·521	·522	·524	·525	·527	·528
32	0·530	·531	·533	·534	·536	·537	·539	·540	·542	·543
33	0·545	·546	·548	·549	·550	·552	·553	·555	·556	·558
34	0·559	·561	·562	·564	·565	·566	·568	·569	·571	·572
35	0·574	·575	·576	·578	·579	·581	·582	·584	·585	·586
36	0·588	·589	·591	·592	·593	·595	·596	·598	·599	·600
37	0·602	·603	·605	·606	·607	·609	·610	·612	·613	·614
38	0·616	·617	·618	·620	·621	·623	·624	·625	·627	·628
39	0·629	·631	·632	·633	·635	·636	·637	·639	·640	·641
40	0·643	·644	·645	·647	·648	·649	·651	·652	·653	·655
41	0·656	·657	·659	·660	·661	·663	·664	·665	·667	·668
42	0·669	·670	·672	·673	·674	·676	·677	·678	·679	·681
43	0·682	·683	·685	·686	·687	·688	·690	·691	·692	·693
44	0·695	·696	·697	·698	·700	·701	·702	·703	·705	·706
45	0·707	·708	·710	·711	·712	·713	·714	·716	·717	·718

If, for small values of the angle (up to about 6°), more figures are required than are given in the table, they can be obtained from the formula

$$\sin(\theta°) \approx 0.01745\,\theta.$$

SINES

Angle in degrees	·0	·1	·2	·3	·4	·5	·6	·7	·8	·9
45	0·707	·708	·710	·711	·712	·713	·714	·716	·717	·718
46	0·719	·721	·722	·723	·724	·725	·727	·728	·729	·730
47	0·731	·733	·734	·735	·736	·737	·738	·740	·741	·742
48	0·743	·744	·745	·747	·748	·749	·750	·751	·752	·754
49	0·755	·756	·757	·758	·759	·760	·762	·763	·764	·765
50	0·766	·767	·768	·769	·771	·772	·773	·774	·775	·776
51	0·777	·778	·779	·780	·782	·783	·784	·785	·786	·787
52	0·788	·789	·790	·791	·792	·793	·794	·795	·797	·798
53	0·799	·800	·801	·802	·803	·804	·805	·806	·807	·808
54	0·809	·810	·811	·812	·813	·814	·815	·816	·817	·818
55	0·819	·820	·821	·822	·823	·824	·825	·826	·827	·828
56	0·829	·830	·831	·832	·833	·834	·835	·836	·837	·838
57	0·839	·840	·841	·842	·842	·843	·844	·845	·846	·847
58	0·848	·849	·850	·851	·852	·853	·854	·854	·855	·856
59	0·857	·858	·859	·860	·861	·862	·863	·863	·864	·865
60	0·866	·867	·868	·869	·869	·870	·871	·872	·873	·874
61	0·875	·875	·876	·877	·878	·879	·880	·880	·881	·882
62	0·883	·884	·885	·885	·886	·887	·888	·889	·889	·890
63	0·891	·892	·893	·893	·894	·895	·896	·896	·897	·898
64	0·899	·900	·900	·901	·902	·903	·903	·904	·905	·906
65	0·906	·907	·908	·909	·909	·910	·911	·911	·912	·913
66	0·914	·914	·915	·916	·916	·917	·918	·918	·919	·920
67	0·921	·921	·922	·923	·923	·924	·925	·925	·926	·927
68	0·927	·928	·928	·929	·930	·930	·931	·932	·932	·933
69	0·934	·934	·935	·935	·936	·937	·937	·938	·938	·939
70	0·940	·940	·941	·941	·942	·943	·943	·944	·944	·945
71	0·946	·946	·947	·947	·948	·948	·949	·949	·950	·951
72	0·951	·952	·952	·953	·953	·954	·954	·955	·955	·956
73	0·956	·957	·957	·958	·958	·959	·959	·960	·960	·961
74	0·961	·962	·962	·963	·963	·964	·964	·965	·965	·965
75	0·966	·966	·967	·967	·968	·968	·969	·969	·969	·970
76	0·970	·971	·971	·972	·972	·972	·973	·973	·974	·974
77	0·974	·975	·975	·976	·976	·976	·977	·977	·977	·978
78	0·978	·979	·979	·979	·980	·980	·980	·981	·981	·981
79	0·982	·982	·982	·983	·983	·983	·984	·984	·984	·985
80	0·985	·985	·985	·986	·986	·986	·987	·987	·987	·987
81	0·988	·988	·988	·988	·989	·989	·989	·990	·990	·990
82	0·990	·991	·991	·991	·991	·991	·992	·992	·992	·992
83	0·993	·993	·993	·993	·993	·994	·994	·994	·994	·994
84	0·995	·995	·995	·995	·995	·995	·996	·996	·996	·996
85	0·996	·996	·996	·997	·997	·997	·997	·997	·997	·997
86	0·998	·998	·998	·998	·998	·998	·998	·998	·998	·999
87	0·999	·999	·999	·999	·999	·999	·999	·999	·999	·999
88	0·999	·999	1·000	1·000	1·000	1·000	1·000	1·000	1·000	1·000
89	1·000	1·000	1·000	1·000	1·000	1·000	1·000	1·000	1·000	1·000
90	1·000									

COSINES

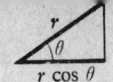

Angle in degrees	·0	·1	·2	·3	·4	·5	·6	·7	·8	·9
0	1·000	1·000	1·000	1·000	1·000	1·000	1·000	1·000	1·000	1·000
1	1·000	1·000	1·000	1·000	1·000	1·000	1·000	1·000	1·000	0·999
2	0·999	·999	·999	·999	·999	·999	·999	·999	·999	·999
3	0·999	·999	·998	·998	·998	·998	·998	·998	·998	·998
4	0·998	·997	·997	·997	·997	·997	·997	·997	·996	·996
5	0·996	·996	·996	·996	·996	·995	·995	·995	·995	·995
6	0·995	·994	·994	·994	·994	·994	·993	·993	·993	·993
7	0·993	·992	·992	·992	·992	·991	·991	·991	·991	·991
8	0·990	·990	·990	·990	·989	·989	·989	·988	·988	·988
9	0·988	·987	·987	·987	·987	·986	·986	·986	·985	·985
10	0·985	·985	·984	·984	·984	·983	·983	·983	·982	·982
11	0·982	·981	·981	·981	·980	·980	·980	·979	·979	·979
12	0·978	·978	·977	·977	·977	·976	·976	·976	·975	·975
13	0·974	·974	·974	·973	·973	·972	·972	·972	·971	·971
14	0·970	·970	·969	·969	·969	·968	·968	·967	·967	·966
15	0·966	·965	·965	·965	·964	·964	·963	·963	·962	·962
16	0·961	·961	·960	·960	·959	·959	·958	·958	·957	·957
17	0·956	·956	·955	·955	·954	·954	·953	·953	·952	·952
18	0·951	·951	·950	·949	·949	·948	·948	·947	·947	·946
19	0·946	·945	·944	·944	·943	·943	·942	·941	·941	·940
20	0·940	·939	·938	·938	·937	·937	·936	·935	·935	·934
21	0·934	·933	·932	·932	·931	·930	·930	·929	·928	·928
22	0·927	·927	·926	·925	·925	·924	·923	·923	·922	·921
23	0·921	·920	·919	·918	·918	·917	·916	·916	·915	·914
24	0·914	·913	·912	·911	·911	·910	·909	·909	·908	·907
25	0·906	·906	·905	·904	·903	·903	·902	·901	·900	·900
26	0·899	·898	·897	·896	·896	·895	·894	·893	·893	·892
27	0·891	·890	·889	·889	·888	·887	·886	·885	·885	·884
28	0·883	·882	·881	·880	·880	·879	·878	·877	·876	·875
29	0·875	·874	·873	·872	·871	·870	·869	·869	·868	·867
30	0·866	·865	·864	·863	·863	·862	·861	·860	·859	·858
31	0·857	·856	·855	·854	·854	·853	·852	·851	·850	·849
32	0·848	·847	·846	·845	·844	·843	·842	·842	·841	·840
33	0·839	·838	·837	·836	·835	·834	·833	·832	·831	·830
34	0·829	·828	·827	·826	·825	·824	·823	·822	·821	·820
35	0·819	·818	·817	·816	·815	·814	·813	·812	·811	·810
36	0·809	·808	·807	·806	·805	·804	·803	·802	·801	·800
37	0·799	·798	·797	·795	·794	·793	·792	·791	·790	·789
38	0·788	·787	·786	·785	·784	·783	·782	·780	·779	·778
39	0·777	·776	·775	·774	·773	·772	·771	·769	·768	·767
40	0·766	·765	·764	·763	·762	·760	·759	·758	·757	·756
41	0·755	·754	·752	·751	·750	·749	·748	·747	·745	·744
42	0·743	·742	·741	·740	·738	·737	·736	·735	·734	·733
43	0·731	·730	·729	·728	·727	·725	·724	·723	·722	·721
44	0·719	·718	·717	·716	·714	·713	·712	·711	·710	·708
45	0·707	·706	·705	·703	·702	·701	·700	·698	·697	·696

COSINES

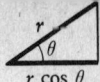

Angle in degrees	·0	·1	·2	·3	·4	·5	·6	·7	·8	·9
45	0·707	·706	·705	·703	·702	·701	·700	·698	·697	·696
46	0·695	·693	·692	·691	·690	·688	·687	·686	·685	·683
47	0·682	·681	·679	·678	·677	·676	·674	·673	·672	·670
48	0·669	·668	·667	·665	·664	·663	·661	·660	·659	·657
49	0·656	·655	·653	·652	·651	·649	·648	·647	·645	·644
50	0·643	·641	·640	·639	·637	·636	·635	·633	·632	·631
51	0·629	·628	·627	·625	·624	·623	·621	·620	·618	·617
52	0·616	·614	·613	·612	·610	·609	·607	·606	·605	·603
53	0·602	·600	·599	·598	·596	·595	·593	·592	·591	·589
54	0·588	·586	·585	·584	·582	·581	·579	·578	·576	·575
55	0·574	·572	·571	·569	·568	·566	·565	·564	·562	·561
56	0·559	·558	·556	·555	·553	·552	·550	·549	·548	·546
57	0·545	·543	·542	·540	·539	·537	·536	·534	·533	·531
58	0·530	·528	·527	·525	·524	·522	·521	·520	·518	·517
59	0·515	·514	·512	·511	·509	·508	·506	·505	·503	·502
60	0·500	·498	·497	·495	·494	·492	·491	·489	·488	·486
61	0·485	·483	·482	·480	·479	·477	·476	·474	·473	·471
62	0·469	·468	·466	·465	·463	·462	·460	·459	·457	·456
63	0·454	·452	·451	·449	·448	·446	·445	·443	·442	·440
64	0·438	·437	·435	·434	·432	·431	·429	·427	·426	·424
65	0·423	·421	·419	·418	·416	·415	·413	·412	·410	·408
66	0·407	·405	·404	·402	·400	·399	·397	·396	·394	·392
67	0·391	·389	·388	·386	·384	·383	·381	·379	·378	·376
68	0·375	·373	·371	·370	·368	·367	·365	·363	·362	·360
69	0·358	·357	·355	·353	·352	·350	·349	·347	·345	·344
70	0·342	·340	·339	·337	·335	·334	·332	·331	·329	·327
71	0·326	·324	·322	·321	·319	·317	·316	·314	·312	·311
72	0·309	·307	·306	·304	·302	·301	·299	·297	·296	·294
73	0·292	·291	·289	·287	·286	·284	·282	·281	·279	·277
74	0·276	·274	·272	·271	·269	·267	·266	·264	·262	·261
75	0·259	·257	·255	·254	·252	·250	·249	·247	·245	·244
76	0·242	·240	·239	·237	·235	·233	·232	·230	·228	·227
77	0·225	·223	·222	·220	·218	·216	·215	·213	·211	·210
78	0·208	·206	·204	·203	·201	·199	·198	·196	·194	·193
79	0·191	·189	·187	·186	·184	·182	·181	·179	·177	·175
80	0·174	·172	·170	·168	·167	·165	·163	·162	·160	·158
81	0·156	·155	·153	·151	·150	·148	·146	·144	·143	·141
82	0·139	·137	·136	·134	·132	·131	·129	·127	·125	·124
83	0·122	·120	·118	·117	·115	·113	·111	·110	·108	·106
84	0·105	·103	·101	·099	·098	·096	·094	·092	·091	·089
85	0·087	·085	·084	·082	·080	·078	·077	·075	·073	·071
86	0·070	·068	·066	·065	·063	·061	·059	·058	·056	·054
87	0·052	·051	·049	·047	·045	·044	·042	·040	·038	·037
88	0·035	·033	·031	·030	·028	·026	·024	·023	·021	·019
89	0·017	·016	·014	·012	·010	·009	·007	·005	·003	·002
90	0·000									

TANGENTS

Angle in degrees	·0	·1	·2	·3	·4	·5	·6	·7	·8	·9
0	0·000	·002	·003	·005	·007	·009	·010	·012	·014	·016
1	0·017	·019	·021	·023	·024	·026	·028	·030	·031	·033
2	0·035	·037	·038	·040	·042	·044	·045	·047	·049	·051
3	0·052	·054	·056	·058	·059	·061	·063	·065	·066	·068
4	0·070	·072	·073	·075	·077	·079	·080	·082	·084	·086
5	0·087	·089	·091	·093	·095	·096	·098	·100	·102	·103
6	0·105	·107	·109	·110	·112	·114	·116	·117	·119	·121
7	0·123	·125	·126	·128	·130	·132	·133	·135	·137	·139
8	0·141	·142	·144	·146	·148	·149	·151	·153	·155	·157
9	0·158	·160	·162	·164	·166	·167	·169	·171	·173	·175
10	0·176	·178	·180	·182	·184	·185	·187	·189	·191	·193
11	0·194	·196	·198	·200	·202	·203	·205	·207	·209	·211
12	0·213	·214	·216	·218	·220	·222	·224	·225	·227	·229
13	0·231	·233	·235	·236	·238	·240	·242	·244	·246	·247
14	0·249	·251	·253	·255	·257	·259	·260	·262	·264	·266
15	0·268	·270	·272	·274	·275	·277	·279	·281	·283	·285
16	0·287	·289	·291	·292	·294	·296	·298	·300	·302	·304
17	0·306	·308	·310	·311	·313	·315	·317	·319	·321	·323
18	0·325	·327	·329	·331	·333	·335	·337	·338	·340	·342
19	0·344	·346	·348	·350	·352	·354	·356	·358	·360	·362
20	0·364	·366	·368	·370	·372	·374	·376	·378	·380	·382
21	0·384	·386	·388	·390	·392	·394	·396	·398	·400	·402
22	0·404	·406	·408	·410	·412	·414	·416	·418	·420	·422
23	0·424	·427	·429	·431	·433	·435	·437	·439	·441	·443
24	0·445	·447	·449	·452	·454	·456	·458	·460	·462	·464
25	0·466	·468	·471	·473	·475	·477	·479	·481	·483	·486
26	0·488	·490	·492	·494	·496	·499	·501	·503	·505	·507
27	0·510	·512	·514	·516	·518	·521	·523	·525	·527	·529
28	0·532	·534	·536	·538	·541	·543	·545	·547	·550	·552
29	0·554	·557	·559	·561	·563	·566	·568	·570	·573	·575
30	0·577	·580	·582	·584	·587	·589	·591	·594	·596	·598
31	0·601	·603	·606	·608	·610	·613	·615	·618	·620	·622
32	0·625	·627	·630	·632	·635	·637	·640	·642	·644	·647
33	0·649	·652	·654	·657	·659	·662	·664	·667	·669	·672
34	0·675	·677	·680	·682	·685	·687	·690	·692	·695	·698
35	0·700	·703	·705	·708	·711	·713	·716	·719	·721	·724
36	0·727	·729	·732	·735	·737	·740	·743	·745	·748	·751
37	0·754	·756	·759	·762	·765	·767	·770	·773	·776	·778
38	0·781	·784	·787	·790	·793	·795	·798	·801	·804	·807
39	0·810	·813	·816	·818	·821	·824	·827	·830	·833	·836
40	0·839	·842	·845	·848	·851	·854	·857	·860	·863	·866
41	0·869	·872	·875	·879	·882	·885	·888	·891	·894	·897
42	0·900	·904	·907	·910	·913	·916	·920	·923	·926	·929
43	0·933	·936	·939	·942	·946	·949	·952	·956	·959	·962
44	0·966	·969	·972	·976	·979	·983	·986	·990	·993	·997
45	1·00	1·00	1·01	1·01	1·01	1·02	1·02	1·02	1·03	1·03

If, for small values of the angle (up to about 4°), more figures are required than are given in the table, they can be obtained from the formula

$$\tan(\theta°) \approx 0·01746\,\theta.$$

TANGENTS

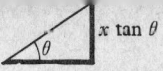

Angle in degrees	·0	·1	·2	·3	·4	·5	·6	·7	·8	·9
45	1·00	1·00	1·01	1·01	1·01	1·02	1·02	1·02	1·03	1·03
46	1·04	1·04	1·04	1·05	1·05	1·05	1·06	1·06	1·06	1·07
47	1·07	1·08	1·08	1·08	1·09	1·09	1·10	1·10	1·10	1·11
48	1·11	1·11	1·12	1·12	1·13	1·13	1·13	1·14	1·14	1·15
49	1·15	1·15	1·16	1·16	1·17	1·17	1·17	1·18	1·18	1·19
50	1·19	1·20	1·20	1·20	1·21	1·21	1·22	1·22	1·23	1·23
51	1·23	1·24	1·24	1·25	1·25	1·26	1·26	1·27	1·27	1·28
52	1·28	1·28	1·29	1·29	1·30	1·30	1·31	1·31	1·32	1·32
53	1·33	1·33	1·34	1·34	1·35	1·35	1·36	1·36	1·37	1·37
54	1·38	1·38	1·39	1·39	1·40	1·40	1·41	1·41	1·42	1·42
55	1·43	1·43	1·44	1·44	1·45	1·46	1·46	1·47	1·47	1·48
56	1·48	1·49	1·49	1·50	1·51	1·51	1·52	1·52	1·53	1·53
57	1·54	1·55	1·55	1·56	1·56	1·57	1·58	1·58	1·59	1·59
58	1·60	1·61	1·61	1·62	1·63	1·63	1·64	1·64	1·65	1·66
59	1·66	1·67	1·68	1·68	1·69	1·70	1·70	1·71	1·72	1·73
60	1·73	1·74	1·75	1·75	1·76	1·77	1·77	1·78	1·79	1·80
61	1·80	1·81	1·82	1·83	1·83	1·84	1·85	1·86	1·86	1·87
62	1·88	1·89	1·90	1·90	1·91	1·92	1·93	1·94	1·95	1·95
63	1·96	1·97	1·98	1·99	2·00	2·01	2·01	2·02	2·03	2·04
64	2·05	2·06	2·07	2·08	2·09	2·10	2·11	2·12	2·13	2·13
65	2·14	2·15	2·16	2·17	2·18	2·19	2·20	2·21	2·23	2·24
66	2·25	2·26	2·27	2·28	2·29	2·30	2·31	2·32	2·33	2·34
67	2·36	2·37	2·38	2·39	2·40	2·41	2·43	2·44	2·45	2·46
68	2·48	2·49	2·50	2·51	2·53	2·54	2·55	2·56	2·58	2·59
69	2·61	2·62	2·63	2·65	2·66	2·67	2·69	2·70	2·72	2·73
70	2·75	2·76	2·78	2·79	2·81	2·82	2·84	2·86	2·87	2·89
71	2·90	2·92	2·94	2·95	2·97	2·99	3·01	3·02	3·04	3·06
72	3·08	3·10	3·11	3·13	3·15	3·17	3·19	3·21	3·23	3·25
73	3·27	3·29	3·31	3·33	3·35	3·38	3·40	3·42	3·44	3·46
74	3·49	3·51	3·53	3·56	3·58	3·61	3·63	3·66	3·68	3·71
75	3·73	3·76	3·78	3·81	3·84	3·87	3·89	3·92	3·95	3·98
76	4·01	4·04	4·07	4·10	4·13	4·17	4·20	4·23	4·26	4·30
77	4·33	4·37	4·40	4·44	4·47	4·51	4·55	4·59	4·63	4·66
78	4·70	4·75	4·79	4·83	4·87	4·92	4·96	5·00	5·05	5·10
79	5·14	5·19	5·24	5·29	5·34	5·40	5·45	5·50	5·56	5·61
80	5·67	5·73	5·79	5·85	5·91	5·98	6·04	6·11	6·17	6·24
81	6·31	6·39	6·46	6·54	6·61	6·69	6·77	6·85	6·94	7·03
82	7·12	7·21	7·30	7·40	7·49	7·60	7·70	7·81	7·92	8·03
83	8·14	8·26	8·39	8·51	8·64	8·78	8·92	9·06	9·21	9·36
84	9·51	9·68	9·84	10·0	10·2	10·4	10·6	10·8	11·0	11·2
85	11·4	11·7	11·9	12·2	12·4	12·7	13·0	13·3	13·6	14·0
86	14·3	14·7	15·1	15·5	15·9	16·3	16·8	17·3	17·9	18·5
87	19·1	19·7	20·4	21·2	22·0	22·9	23·9	24·9	26·0	27·3
88	28·6	30·1	31·8	33·7	35·8	38·2	40·9	44·1	47·7	52·1
89	57·3	63·7	71·6	81·8	95·5	115	143	191	286	573

LOGARITHMS

	0	1	2	3	4	5	6	7	8	9
1·0	0·000	004	009	013	017	021	025	029	033	037
1·1	0·041	045	049	053	057	061	064	068	072	076
1·2	0·079	083	086	090	093	097	100	104	107	111
1·3	0·114	117	121	124	127	130	134	137	140	143
1·4	0·146	149	152	155	158	161	164	167	170	173
1·5	0·176	179	182	185	188	190	193	196	199	201
1·6	0·204	207	210	212	215	217	220	223	225	228
1·7	0·230	233	236	238	241	243	246	248	250	253
1·8	0·255	258	260	262	265	267	270	272	274	276
1·9	0·279	281	283	286	288	290	292	294	297	299
2·0	0·301	303	305	307	310	312	314	316	318	320
2·1	0·322	324	326	328	330	332	334	336	338	340
2·2	0·342	344	346	348	350	352	354	356	358	360
2·3	0·362	364	365	367	369	371	373	375	377	378
2·4	0·380	382	384	386	387	389	391	393	394	396
2·5	0·398	400	401	403	405	407	408	410	412	413
2·6	0·415	417	418	420	422	423	425	427	428	430
2·7	0·431	433	435	436	438	439	441	442	444	446
2·8	0·447	449	450	452	453	455	456	458	459	461
2·9	0·462	464	465	467	468	470	471	473	474	476
3·0	0·477	479	480	481	483	484	486	487	489	490
3·1	0·491	493	494	496	497	498	500	501	502	504
3·2	0·505	507	508	509	511	512	513	515	516	517
3·3	0·519	520	521	522	524	525	526	528	529	530
3·4	0·531	533	534	535	537	538	539	540	542	543
3·5	0·544	545	547	548	549	550	551	553	554	555
3·6	0·556	558	559	560	561	562	563	565	566	567
3·7	0·568	569	571	572	573	574	575	576	577	579
3·8	0·580	581	582	583	584	585	587	588	589	590
3·9	0·591	592	593	594	595	597	598	599	600	601
4·0	0·602	603	604	605	606	607	609	610	611	612
4·1	0·613	614	615	616	617	618	619	620	621	622
4·2	0·623	624	625	626	627	628	629	630	631	632
4·3	0·633	634	635	636	637	638	639	640	641	642
4·4	0·643	644	645	646	647	648	649	650	651	652
4·5	0·653	654	655	656	657	658	659	660	661	662
4·6	0·663	664	665	666	667	667	668	669	670	671
4·7	0·672	673	674	675	676	677	678	679	679	680
4·8	0·681	682	683	684	685	686	687	688	688	689
4·9	0·690	691	692	693	694	695	695	696	697	698
5·0	0·699	700	701	702	702	703	704	705	706	707
5·1	0·708	708	709	710	711	712	713	713	714	715
5·2	0·716	717	718	719	719	720	721	722	723	723
5·3	0·724	725	726	727	728	728	729	730	731	732
5·4	0·732	733	734	735	736	736	737	738	739	740

LOGARITHMS

	0	1	2	3	4	5	6	7	8	9
5.5	0.740	741	742	743	744	744	745	746	747	747
5.6	0.748	749	750	751	751	752	753	754	754	755
5.7	0.756	757	757	758	759	760	760	761	762	763
5.8	0.763	764	765	766	766	767	768	769	769	770
5.9	0.771	772	772	773	774	775	775	776	777	777
6.0	0.778	779	780	780	781	782	782	783	784	785
6.1	0.785	786	787	787	788	789	790	790	791	792
6.2	0.792	793	794	794	795	796	797	797	798	799
6.3	0.799	800	801	801	802	803	803	804	805	806
6.4	0.806	807	808	808	809	810	810	811	812	812
6.5	0.813	814	814	815	816	816	817	818	818	819
6.6	0.820	820	821	822	822	823	823	824	825	825
6.7	0.826	827	827	828	829	829	830	831	831	832
6.8	0.833	833	834	834	835	836	836	837	838	838
6.9	0.839	839	840	841	841	842	843	843	844	844
7.0	0.845	846	846	847	848	848	849	849	850	851
7.1	0.851	852	852	853	854	854	855	856	856	857
7.2	0.857	858	859	859	860	860	861	862	862	863
7.3	0.863	864	865	865	866	866	867	867	868	869
7.4	0.869	870	870	871	872	872	873	873	874	874
7.5	0.875	876	876	877	877	878	879	879	880	880
7.6	0.881	881	882	883	883	884	884	885	885	886
7.7	0.886	887	888	888	889	889	890	890	891	892
7.8	0.892	893	893	894	894	895	895	896	897	897
7.9	0.898	898	899	899	900	900	901	901	902	903
8.0	0.903	904	904	905	905	906	906	907	907	908
8.1	0.908	909	910	910	911	911	912	912	913	913
8.2	0.914	914	915	915	916	916	917	918	918	919
8.3	0.919	920	920	921	921	922	922	923	923	924
8.4	0.924	925	925	926	926	927	927	928	928	929
8.5	0.929	930	930	931	931	932	932	933	933	934
8.6	0.934	935	936	936	937	937	938	938	939	939
8.7	0.940	940	941	941	942	942	943	943	943	944
8.8	0.944	945	945	946	946	947	947	948	948	949
8.9	0.949	950	950	951	951	952	952	953	953	954
9.0	0.954	955	955	956	956	957	957	958	958	959
9.1	0.959	960	960	960	961	961	962	962	963	963
9.2	0.964	964	965	965	966	966	967	967	968	968
9.3	0.968	969	969	970	970	971	971	972	972	973
9.4	0.973	974	974	975	975	975	976	976	977	977
9.5	0.978	978	979	979	980	980	980	981	981	982
9.6	0.982	983	983	984	984	985	985	985	986	986
9.7	0.987	987	988	988	989	989	989	990	990	991
9.8	0.991	992	992	993	993	993	994	994	995	995
9.9	0.996	996	997	997	997	998	998	999	999	1.000
10.0	1.000									

RECIPROCALS

	0	1	2	3	4	5	6	7	8	9
1·0	1·00	·990	·980	·971	·962	·952	·943	·935	·926	·917
1·1	0·909	·901	·893	·885	·877	·870	·862	·855	·847	·840
1·2	0·833	·826	·820	·813	·806	·800	·794	·787	·781	·775
1·3	0·769	·763	·758	·752	·746	·741	·735	·730	·725	·719
1·4	0·714	·709	·704	·699	·694	·690	·685	·680	·676	·671
1·5	0·667	·662	·658	·654	·649	·645	·641	·637	·633	·629
1·6	0·625	·621	·617	·613	·610	·606	·602	·599	·595	·592
1·7	0·588	·585	·581	·578	·575	·571	·568	·565	·562	·559
1·8	0·556	·552	·549	·546	·543	·541	·538	·535	·532	·529
1·9	0·526	·524	·521	·518	·515	·513	·510	·508	·505	·503
2·0	0·500	·498	·495	·493	·490	·488	·485	·483	·481	·478
2·1	0·476	·474	·472	·469	·467	·465	·463	·461	·459	·457
2·2	0·455	·452	·450	·448	·446	·444	·442	·441	·439	·437
2·3	0·435	·433	·431	·429	·427	·426	·424	·422	·420	·418
2·4	0·417	·415	·413	·412	·410	·408	·407	·405	·403	·402
2·5	0·400	·398	·397	·395	·394	·392	·391	·389	·388	·386
2·6	0·385	·383	·382	·380	·379	·377	·376	·375	·373	·372
2·7	0·370	·369	·368	·366	·365	·364	·362	·361	·360	·358
2·8	0·357	·356	·355	·353	·352	·351	·350	·348	·347	·346
2·9	0·345	·344	·342	·341	·340	·339	·338	·337	·336	·334
3·0	0·333	·332	·331	·330	·329	·328	·327	·326	·325	·324
3·1	0·323	·322	·321	·319	·318	·317	·316	·315	·314	·313
3·2	0·313	·312	·311	·310	·309	·308	·307	·306	·305	·304
3·3	0·303	·302	·301	·300	·299	·299	·298	·297	·296	·295
3·4	0·294	·293	·292	·292	·291	·290	·289	·288	·287	·287
3·5	0·286	·285	·284	·283	·282	·282	·281	·280	·279	·279
3·6	0·278	·277	·276	·275	·275	·274	·273	·272	·272	·271
3·7	0·270	·270	·269	·268	·267	·267	·266	·265	·265	·264
3·8	0·263	·262	·262	·261	·260	·260	·259	·258	·258	·257
3·9	0·256	·256	·255	·254	·254	·253	·253	·252	·251	·251
4·0	0·250	·249	·249	·248	·248	·247	·246	·246	·245	·244
4·1	0·244	·243	·243	·242	·242	·241	·240	·240	·239	·239
4·2	0·238	·238	·237	·236	·236	·235	·235	·234	·234	·233
4·3	0·233	·232	·231	·231	·230	·230	·229	·229	·228	·228
4·4	0·227	·227	·226	·226	·225	·225	·224	·224	·223	·223
4·5	0·222	·222	·221	·221	·220	·220	·219	·219	·218	·218
4·6	0·217	·217	·216	·216	·216	·215	·215	·214	·214	·213
4·7	0·213	·212	·212	·211	·211	·211	·210	·210	·209	·209
4·8	0·208	·208	·207	·207	·207	·206	·206	·205	·205	·204
4·9	0·204	·204	·203	·203	·202	·202	·202	·201	·201	·200
5·0	0·200	·200	·199	·199	·198	·198	·198	·197	·197	·196
5·1	0·196	·196	·195	·195	·195	·194	·194	·193	·193	·193
5·2	0·192	·192	·192	·191	·191	·190	·190	·190	·189	·189
5·3	0·189	·188	·188	·188	·187	·187	·187	·186	·186	·186
5·4	0·185	·185	·185	·184	·184	·183	·183	·183	·182	·182

RECIPROCALS

	0	1	2	3	4	5	6	7	8	9
5.5	0.182	·181	·181	·181	·181	·180	·180	·180	·179	·179
5.6	0.179	·178	·178	·178	·177	·177	·177	·176	·176	·176
5.7	0.175	·175	·175	·175	·174	·174	·174	·173	·173	·173
5.8	0.172	·172	·172	·172	·171	·171	·171	·170	·170	·170
5.9	0.169	·169	·169	·169	·168	·168	·168	·168	·167	·167
6.0	0.167	·166	·166	·166	·166	·165	·165	·165	·164	·164
6.1	0.164	·164	·163	·163	·163	·163	·162	·162	·162	·162
6.2	0.161	·161	·161	·161	·160	·160	·160	·159	·159	·159
6.3	0.159	·158	·158	·158	·158	·157	·157	·157	·157	·156
6.4	0.156	·156	·156	·156	·155	·155	·155	·155	·154	·154
6.5	0.154	·154	·153	·153	·153	·153	·152	·152	·152	·152
6.6	0.152	·151	·151	·151	·151	·150	·150	·150	·150	·149
6.7	0.149	·149	·149	·149	·148	·148	·148	·148	·147	·147
6.8	0.147	·147	·147	·146	·146	·146	·146	·146	·145	·145
6.9	0.145	·145	·145	·144	·144	·144	·144	·143	·143	·143
7.0	0.143	·143	·142	·142	·142	·142	·142	·141	·141	·141
7.1	0.141	·141	·140	·140	·140	·140	·140	·139	·139	·139
7.2	0.139	·139	·139	·138	·138	·138	·138	·138	·137	·137
7.3	0.137	·137	·137	·136	·136	·136	·136	·136	·136	·135
7.4	0.135	·135	·135	·135	·134	·134	·134	·134	·134	·134
7.5	0.133	·133	·133	·133	·133	·132	·132	·132	·132	·132
7.6	0.132	·131	·131	·131	·131	·131	·131	·130	·130	·130
7.7	0.130	·130	·130	·129	·129	·129	·129	·129	·129	·128
7.8	0.128	·128	·128	·128	·128	·127	·127	·127	·127	·127
7.9	0.127	·126	·126	·126	·126	·126	·126	·125	·125	·125
8.0	0.125	·125	·125	·125	·124	·124	·124	·124	·124	·124
8.1	0.123	·123	·123	·123	·123	·123	·123	·122	·122	·122
8.2	0.122	·122	·122	·122	·121	·121	·121	·121	·121	·121
8.3	0.120	·120	·120	·120	·120	·120	·120	·119	·119	·119
8.4	0.119	·119	·119	·119	·118	·118	·118	·118	·118	·118
8.5	0.118	·118	·117	·117	·117	·117	·117	·117	·117	·116
8.6	0.116	·116	·116	·116	·116	·116	·115	·115	·115	·115
8.7	0.115	·115	·115	·115	·114	·114	·114	·114	·114	·114
8.8	0.114	·114	·113	·113	·113	·113	·113	·113	·113	·112
8.9	0.112	·112	·112	·112	·112	·112	·112	·111	·111	·111
9.0	0.111	·111	·111	·111	·111	·110	·110	·110	·110	·110
9.1	0.110	·110	·110	·110	·109	·109	·109	·109	·109	·109
9.2	0.109	·109	·108	·108	·108	·108	·108	·108	·108	·108
9.3	0.108	·107	·107	·107	·107	·107	·107	·107	·107	·106
9.4	0.106	·106	·106	·106	·106	·106	·106	·106	·105	·105
9.5	0.105	·105	·105	·105	·105	·105	·105	·104	·104	·104
9.6	0.104	·104	·104	·104	·104	·104	·104	·103	·103	·103
9.7	0.103	·103	·103	·103	·103	·103	·102	·102	·102	·102
9.8	0.102	·102	·102	·102	·102	·102	·101	·101	·101	·101
9.9	0.101	·101	·101	·101	·101	·101	·100	·100	·100	·100
10.0	0.100									

SQUARES

	0	1	2	3	4	5	6	7	8	9
1·0	1·00	1·02	1·04	1·06	1·08	1·10	1·12	1·14	1·17	1·19
1·1	1·21	1·23	1·25	1·28	1·30	1·32	1·35	1·37	1·39	1·42
1·2	1·44	1·46	1·49	1·51	1·54	1·56	1·59	1·61	1·64	1·66
1·3	1·69	1·72	1·74	1·77	1·80	1·82	1·85	1·88	1·90	1·93
1·4	1·96	1·99	2·02	2·04	2·07	2·10	2·13	2·16	2·19	2·22
1·5	2·25	2·28	2·31	2·34	2·37	2·40	2·43	2·46	2·50	2·53
1·6	2·56	2·59	2·62	2·66	2·69	2·72	2·76	2·79	2·82	2·86
1·7	2·89	2·92	2·96	2·99	3·03	3·06	3·10	3·13	3·17	3·20
1·8	3·24	3·28	3·31	3·35	3·39	3·42	3·46	3·50	3·53	3·57
1·9	3·61	3·65	3·69	3·72	3·76	3·80	3·84	3·88	3·92	3·96
2·0	4·00	4·04	4·08	4·12	4·16	4·20	4·24	4·28	4·33	4·37
2·1	4·41	4·45	4·49	4·54	4·58	4·62	4·67	4·71	4·75	4·80
2·2	4·84	4·88	4·93	4·97	5·02	5·06	5·11	5·15	5·20	5·24
2·3	5·29	5·34	5·38	5·43	5·48	5·52	5·57	5·62	5·66	5·71
2·4	5·76	5·81	5·86	5·90	5·95	6·00	6·05	6·10	6·15	6·20
2·5	6·25	6·30	6·35	6·40	6·45	6·50	6·55	6·60	6·66	6·71
2·6	6·76	6·81	6·86	6·92	6·97	7·02	7·08	7·13	7·18	7·24
2·7	7·29	7·34	7·40	7·45	7·51	7·56	7·62	7·67	7·73	7·78
2·8	7·84	7·90	7·95	8·01	8·07	8·12	8·18	8·24	8·29	8·35
2·9	8·41	8·47	8·53	8·58	8·64	8·70	8·76	8·82	8·88	8·94
3·0	9·00	9·06	9·12	9·18	9·24	9·30	9·36	9·42	9·49	9·55
3·1	9·61	9·67	9·73	9·80	9·86	9·92	9·99	10·0	10·1	10·2
3·2	10·2	10·3	10·4	10·4	10·5	10·6	10·6	10·7	10·8	10·8
3·3	10·9	11·0	11·0	11·1	11·2	11·2	11·3	11·4	11·4	11·5
3·4	11·6	11·6	11·7	11·8	11·8	11·9	12·0	12·0	12·1	12·2
3·5	12·3	12·3	12·4	12·5	12·5	12·6	12·7	12·7	12·8	12·9
3·6	13·0	13·0	13·1	13·2	13·2	13·3	13·4	13·5	13·5	13·6
3·7	13·7	13·8	13·8	13·9	14·0	14·1	14·1	14·2	14·3	14·4
3·8	14·4	14·5	14·6	14·7	14·7	14·8	14·9	15·0	15·1	15·1
3·9	15·2	15·3	15·4	15·4	15·5	15·6	15·7	15·8	15·8	15·9
4·0	16·0	16·1	16·2	16·2	16·3	16·4	16·5	16·6	16·6	16·7
4·1	16·8	16·9	17·0	17·1	17·1	17·2	17·3	17·4	17·5	17·6
4·2	17·6	17·7	17·8	17·9	18·0	18·1	18·1	18·2	18·3	18·4
4·3	18·5	18·6	18·7	18·7	18·8	18·9	19·0	19·1	19·2	19·3
4·4	19·4	19·4	19·5	19·6	19·7	19·8	19·9	20·0	20·1	20·2
4·5	20·3	20·3	20·4	20·5	20·6	20·7	20·8	20·9	21·0	21·1
4·6	21·2	21·3	21·3	21·4	21·5	21·6	21·7	21·8	21·9	22·0
4·7	22·1	22·2	22·3	22·4	22·5	22·6	22·7	22·8	22·8	22·9
4·8	23·0	23·1	23·2	23·3	23·4	23·5	23·6	23·7	23·8	23·9
4·9	24·0	24·1	24·2	24·3	24·4	24·5	24·6	24·7	24·8	24·9
5·0	25·0	25·1	25·2	25·3	25·4	25·5	25·6	25·7	25·8	25·9
5·1	26·0	26·1	26·2	26·3	26·4	26·5	26·6	26·7	26·8	26·9
5·2	27·0	27·1	27·2	27·4	27·5	27·6	27·7	27·8	27·9	28·0
5·3	28·1	28·2	28·3	28·4	28·5	28·6	28·7	28·8	28·9	29·1
5·4	29·2	29·3	29·4	29·5	29·6	29·7	29·8	29·9	30·0	30·1

SQUARES

	0	1	2	3	4	5	6	7	8	9
5·5	30·3	30·4	30·5	30·6	30·7	30·8	30·9	31·0	31·1	31·2
5·6	31·4	31·5	31·6	31·7	31·8	31·9	32·0	32·1	32·3	32·4
5·7	32·5	32·6	32·7	32·8	32·9	33·1	33·2	33·3	33·4	33·5
5·8	33·6	33·8	33·9	34·0	34·1	34·2	34·3	34·5	34·6	34·7
5·9	34·8	34·9	35·0	35·2	35·3	35·4	35·5	35·6	35·8	35·9
6·0	36·0	36·1	36·2	36·4	36·5	36·6	36·7	36·8	37·0	37·1
6·1	37·2	37·3	37·5	37·6	37·7	37·8	37·9	38·1	38·2	38·3
6·2	38·4	38·6	38·7	38·8	38·9	39·1	39·2	39·3	39·4	39·6
6·3	39·7	39·8	39·9	40·1	40·2	40·3	40·4	40·6	40·7	40·8
6·4	41·0	41·1	41·2	41·3	41·5	41·6	41·7	41·9	42·0	42·1
6·5	42·3	42·4	42·5	42·6	42·8	42·9	43·0	43·2	43·3	43·4
6·6	43·6	43·7	43·8	44·0	44·1	44·2	44·4	44·5	44·6	44·8
6·7	44·9	45·0	45·2	45·3	45·4	45·6	45·7	45·8	46·0	46·1
6·8	46·2	46·4	46·5	46·6	46·8	46·9	47·1	47·2	47·3	47·5
6·9	47·6	47·7	47·9	48·0	48·2	48·3	48·4	48·6	48·7	48·9
7·0	49·0	49·1	49·3	49·4	49·6	49·7	49·8	50·0	50·1	50·3
7·1	50·4	50·6	50·7	50·8	51·0	51·1	51·3	51·4	51·6	51·7
7·2	51·8	52·0	52·1	52·3	52·4	52·6	52·7	52·9	53·0	53·1
7·3	53·3	53·4	53·6	53·7	53·9	54·0	54·2	54·3	54·5	54·6
7·4	54·8	54·9	55·1	55·2	55·4	55·5	55·7	55·8	56·0	56·1
7·5	56·3	56·4	56·6	56·7	56·9	57·0	57·2	57·3	57·5	57·6
7·6	57·8	57·9	58·1	58·2	58·4	58·5	58·7	58·8	59·0	59·1
7·7	59·3	59·4	59·6	59·8	59·9	60·1	60·2	60·4	60·5	60·7
7·8	60·8	61·0	61·2	61·3	61·5	61·6	61·8	61·9	62·1	62·3
7·9	62·4	62·6	62·7	62·9	63·0	63·2	63·4	63·5	63·7	63·8
8·0	64·0	64·2	64·3	64·5	64·6	64·8	65·0	65·1	65·3	65·4
8·1	65·6	65·8	65·9	66·1	66·3	66·4	66·6	66·7	66·9	67·1
8·2	67·2	67·4	67·6	67·7	67·9	68·1	68·2	68·4	68·6	68·7
8·3	68·9	69·1	69·2	69·4	69·6	69·7	69·9	70·1	70·2	70·4
8·4	70·6	70·7	70·9	71·1	71·2	71·4	71·6	71·7	71·9	72·1
8·5	72·3	72·4	72·6	72·8	72·9	73·1	73·3	73·4	73·6	73·8
8·6	74·0	74·1	74·3	74·5	74·6	74·8	75·0	75·2	75·3	75·5
8·7	75·7	75·9	76·0	76·2	76·4	76·6	76·7	76·9	77·1	77·3
8·8	77·4	77·6	77·8	78·0	78·1	78·3	78·5	78·7	78·9	79·0
8·9	79·2	79·4	79·6	79·7	79·9	80·1	80·3	80·5	80·6	80·8
9·0	81·0	81·2	81·4	81·5	81·7	81·9	82·1	82·3	82·4	82·6
9·1	82·8	83·0	83·2	83·4	83·5	83·7	83·9	84·1	84·3	84·5
9·2	84·6	84·8	85·0	85·2	85·4	85·6	85·7	85·9	86·1	86·3
9·3	86·5	86·7	86·9	87·0	87·2	87·4	87·6	87·8	88·0	88·2
9·4	88·4	88·5	88·7	88·9	89·1	89·3	89·5	89·7	89·9	90·1
9·5	90·3	90·4	90·6	90·8	91·0	91·2	91·4	91·6	91·8	92·0
9·6	92·2	92·4	92·5	92·7	92·9	93·1	93·3	93·5	93·7	93·9
9·7	94·1	94·3	94·5	94·7	94·9	95·1	95·3	95·5	95·6	95·8
9·8	96·0	96·2	96·4	96·6	96·8	97·0	97·2	97·4	97·6	97·8
9·9	98·0	98·2	98·4	98·6	98·8	99·0	99·2	99·4	99·6	99·8
10·0	100									

SQUARE ROOTS OF NUMBERS FROM 1 TO 10

	0	1	2	3	4	5	6	7	8	9
1·0	1·00	1·00	1·01	1·01	1·02	1·02	1·03	1·03	1·04	1·04
1·1	1·05	1·05	1·06	1·06	1·07	1·07	1·08	1·08	1·09	1·09
1·2	1·10	1·10	1·10	1·11	1·11	1·12	1·12	1·13	1·13	1·14
1·3	1·14	1·14	1·15	1·15	1·16	1·16	1·17	1·17	1·17	1·18
1·4	1·18	1·19	1·19	1·20	1·20	1·20	1·21	1·21	1·22	1·22
1·5	1·22	1·23	1·23	1·24	1·24	1·24	1·25	1·25	1·26	1·26
1·6	1·26	1·27	1·27	1·28	1·28	1·28	1·29	1·29	1·30	1·30
1·7	1·30	1·31	1·31	1·32	1·32	1·32	1·33	1·33	1·33	1·34
1·8	1·34	1·35	1·35	1·35	1·36	1·36	1·36	1·37	1·37	1·37
1·9	1·38	1·38	1·39	1·39	1·39	1·40	1·40	1·40	1·41	1·41
2·0	1·41	1·42	1·42	1·42	1·43	1·43	1·44	1·44	1·44	1·45
2·1	1·45	1·45	1·46	1·46	1·46	1·47	1·47	1·47	1·48	1·48
2·2	1·48	1·49	1·49	1·49	1·50	1·50	1·50	1·51	1·51	1·51
2·3	1·52	1·52	1·52	1·53	1·53	1·53	1·54	1·54	1·54	1·55
2·4	1·55	1·55	1·56	1·56	1·56	1·57	1·57	1·57	1·57	1·58
2·5	1·58	1·58	1·59	1·59	1·59	1·60	1·60	1·60	1·61	1·61
2·6	1·61	1·62	1·62	1·62	1·62	1·63	1·63	1·63	1·64	1·64
2·7	1·64	1·65	1·65	1·65	1·66	1·66	1·66	1·66	1·67	1·67
2·8	1·67	1·68	1·68	1·68	1·69	1·69	1·69	1·69	1·70	1·70
2·9	1·70	1·71	1·71	1·71	1·71	1·72	1·72	1·72	1·73	1·73
3·0	1·73	1·73	1·74	1·74	1·74	1·75	1·75	1·75	1·75	1·76
3·1	1·76	1·76	1·77	1·77	1·77	1·77	1·78	1·78	1·78	1·79
3·2	1·79	1·79	1·79	1·80	1·80	1·80	1·81	1·81	1·81	1·81
3·3	1·82	1·82	1·82	1·82	1·83	1·83	1·83	1·84	1·84	1·84
3·4	1·84	1·85	1·85	1·85	1·85	1·86	1·86	1·86	1·87	1·87
3·5	1·87	1·87	1·88	1·88	1·88	1·88	1·89	1·89	1·89	1·89
3·6	1·90	1·90	1·90	1·91	1·91	1·91	1·91	1·92	1·92	1·92
3·7	1·92	1·93	1·93	1·93	1·93	1·94	1·94	1·94	1·94	1·95
3·8	1·95	1·95	1·95	1·96	1·96	1·96	1·96	1·97	1·97	1·97
3·9	1·97	1·98	1·98	1·98	1·98	1·99	1·99	1·99	1·99	2·00
4·0	2·00	2·00	2·00	2·01	2·01	2·01	2·01	2·02	2·02	2·02
4·1	2·02	2·03	2·03	2·03	2·03	2·04	2·04	2·04	2·04	2·05
4·2	2·05	2·05	2·05	2·06	2·06	2·06	2·06	2·07	2·07	2·07
4·3	2·07	2·08	2·08	2·08	2·08	2·09	2·09	2·09	2·09	2·10
4·4	2·10	2·10	2·10	2·10	2·11	2·11	2·11	2·11	2·12	2·12
4·5	2·12	2·12	2·13	2·13	2·13	2·13	2·14	2·14	2·14	2·14
4·6	2·14	2·15	2·15	2·15	2·15	2·16	2·16	2·16	2·16	2·17
4·7	2·17	2·17	2·17	2·17	2·18	2·18	2·18	2·18	2·19	2·19
4·8	2·19	2·19	2·20	2·20	2·20	2·20	2·20	2·21	2·21	2·21
4·9	2·21	2·22	2·22	2·22	2·22	2·22	2·23	2·23	2·23	2·23
5·0	2·24	2·24	2·24	2·24	2·24	2·25	2·25	2·25	2·25	2·26
5·1	2·26	2·26	2·26	2·26	2·27	2·27	2·27	2·27	2·28	2·28
5·2	2·28	2·28	2·28	2·29	2·29	2·29	2·29	2·30	2·30	2·30
5·3	2·30	2·30	2·31	2·31	2·31	2·31	2·32	2·32	2·32	2·32
5·4	2·32	2·33	2·33	2·33	2·33	2·33	2·34	2·34	2·34	2·34

SQUARE ROOTS OF NUMBERS FROM 1 TO 10

	0	1	2	3	4	5	6	7	8	9
5·5	2·35	2·35	2·35	2·35	2·35	2·36	2·36	2·36	2·36	2·36
5·6	2·37	2·37	2·37	2·37	2·37	2·38	2·38	2·38	2·38	2·39
5·7	2·39	2·39	2·39	2·39	2·40	2·40	2·40	2·40	2·40	2·41
5·8	2·41	2·41	2·41	2·41	2·42	2·42	2·42	2·42	2·42	2·43
5·9	2·43	2·43	2·43	2·44	2·44	2·44	2·44	2·44	2·45	2·45
6·0	2·45	2·45	2·45	2·46	2·46	2·46	2·46	2·46	2·47	2·47
6·1	2·47	2·47	2·47	2·48	2·48	2·48	2·48	2·48	2·49	2·49
6·2	2·49	2·49	2·49	2·50	2·50	2·50	2·50	2·50	2·51	2·51
6·3	2·51	2·51	2·51	2·52	2·52	2·52	2·52	2·52	2·53	2·53
6·4	2·53	2·53	2·53	2·54	2·54	2·54	2·54	2·54	2·55	2·55
6·5	2·55	2·55	2·55	2·56	2·56	2·56	2·56	2·56	2·57	2·57
6·6	2·57	2·57	2·57	2·57	2·58	2·58	2·58	2·58	2·58	2·59
6·7	2·59	2·59	2·59	2·59	2·60	2·60	2·60	2·60	2·60	2·61
6·8	2·61	2·61	2·61	2·61	2·62	2·62	2·62	2·62	2·62	2·62
6·9	2·63	2·63	2·63	2·63	2·63	2·64	2·64	2·64	2·64	2·64
7·0	2·65	2·65	2·65	2·65	2·65	2·66	2·66	2·66	2·66	2·66
7·1	2·66	2·67	2·67	2·67	2·67	2·67	2·68	2·68	2·68	2·68
7·2	2·68	2·69	2·69	2·69	2·69	2·69	2·69	2·70	2·70	2·70
7·3	2·70	2·70	2·71	2·71	2·71	2·71	2·71	2·71	2·72	2·72
7·4	2·72	2·72	2·72	2·73	2·73	2·73	2·73	2·73	2·73	2·74
7·5	2·74	2·74	2·74	2·74	2·75	2·75	2·75	2·75	2·75	2·75
7·6	2·76	2·76	2·76	2·76	2·76	2·77	2·77	2·77	2·77	2·77
7·7	2·77	2·78	2·78	2·78	2·78	2·78	2·79	2·79	2·79	2·79
7·8	2·79	2·79	2·80	2·80	2·80	2·80	2·80	2·81	2·81	2·81
7·9	2·81	2·81	2·81	2·82	2·82	2·82	2·82	2·82	2·82	2·83
8·0	2·83	2·83	2·83	2·83	2·84	2·84	2·84	2·84	2·84	2·84
8·1	2·85	2·85	2·85	2·85	2·85	2·85	2·86	2·86	2·86	2·86
8·2	2·86	2·87	2·87	2·87	2·87	2·87	2·87	2·88	2·88	2·88
8·3	2·88	2·88	2·88	2·89	2·89	2·89	2·89	2·89	2·89	2·90
8·4	2·90	2·90	2·90	2·90	2·91	2·91	2·91	2·91	2·91	2·91
8·5	2·92	2·92	2·92	2·92	2·92	2·92	2·93	2·93	2·93	2·93
8·6	2·93	2·93	2·94	2·94	2·94	2·94	2·94	2·94	2·95	2·95
8·7	2·95	2·95	2·95	2·95	2·96	2·96	2·96	2·96	2·96	2·96
8·8	2·97	2·97	2·97	2·97	2·97	2·97	2·98	2·98	2·98	2·98
8·9	2·98	2·98	2·99	2·99	2·99	2·99	2·99	2·99	3·00	3·00
9·0	3·00	3·00	3·00	3·00	3·01	3·01	3·01	3·01	3·01	3·01
9·1	3·02	3·02	3·02	3·02	3·02	3·02	3·03	3·03	3·03	3·03
9·2	3·03	3·03	3·04	3·04	3·04	3·04	3·04	3·04	3·05	3·05
9·3	3·05	3·05	3·05	3·05	3·06	3·06	3·06	3·06	3·06	3·06
9·4	3·07	3·07	3·07	3·07	3·07	3·07	3·08	3·08	3·08	3·08
9·5	3·08	3·08	3·09	3·09	3·09	3·09	3·09	3·09	3·10	3·10
9·6	3·10	3·10	3·10	3·10	3·10	3·11	3·11	3·11	3·11	3·11
9·7	3·11	3·12	3·12	3·12	3·12	3·12	3·12	3·13	3·13	3·13
9·8	3·13	3·13	3·13	3·14	3·14	3·14	3·14	3·14	3·14	3·14
9·9	3·15	3·15	3·15	3·15	3·15	3·15	3·16	3·16	3·16	3·16
10·0	3·16									

SQUARE ROOTS OF NUMBERS FROM 10 TO 99

	0	1	2	3	4	5	6	7	8	9
10	3·16	3·18	3·19	3·21	3·22	3·24	3·26	3·27	3·29	3·30
11	3·32	3·33	3·35	3·36	3·38	3·39	3·41	3·42	3·44	3·45
12	3·46	3·48	3·49	3·51	3·52	3·54	3·55	3·56	3·58	3·59
13	3·61	3·62	3·63	3·65	3·66	3·67	3·69	3·70	3·71	3·73
14	3·74	3·75	3·77	3·78	3·79	3·81	3·82	3·83	3·85	3·86
15	3·87	3·89	3·90	3·91	3·92	3·94	3·95	3·96	3·97	3·99
16	4·00	4·01	4·02	4·04	4·05	4·06	4·07	4·09	4·10	4·11
17	4·12	4·14	4·15	4·16	4·17	4·18	4·20	4·21	4·22	4·23
18	4·24	4·25	4·27	4·28	4·29	4·30	4·31	4·32	4·34	4·35
19	4·36	4·37	4·38	4·39	4·40	4·42	4·43	4·44	4·45	4·46
20	4·47	4·48	4·49	4·51	4·52	4·53	4·54	4·55	4·56	4·57
21	4·58	4·59	4·60	4·62	4·63	4·64	4·65	4·66	4·67	4·68
22	4·69	4·70	4·71	4·72	4·73	4·74	4·75	4·76	4·77	4·79
23	4·80	4·81	4·82	4·83	4·84	4·85	4·86	4·87	4·88	4·89
24	4·90	4·91	4·92	4·93	4·94	4·95	4·96	4·97	4·98	4·99
25	5·00	5·01	5·02	5·03	5·04	5·05	5·06	5·07	5·08	5·09
26	5·10	5·11	5·12	5·13	5·14	5·15	5·16	5·17	5·18	5·19
27	5·20	5·21	5·22	5·22	5·23	5·24	5·25	5·26	5·27	5·28
28	5·29	5·30	5·31	5·32	5·33	5·34	5·35	5·36	5·37	5·38
29	5·39	5·39	5·40	5·41	5·42	5·43	5·44	5·45	5·46	5·47
30	5·48	5·49	5·50	5·50	5·51	5·52	5·53	5·54	5·55	5·56
31	5·57	5·58	5·59	5·59	5·60	5·61	5·62	5·63	5·64	5·65
32	5·66	5·67	5·67	5·68	5·69	5·70	5·71	5·72	5·73	5·74
33	5·74	5·75	5·76	5·77	5·78	5·79	5·80	5·81	5·81	5·82
34	5·83	5·84	5·85	5·86	5·87	5·87	5·88	5·89	5·90	5·91
35	5·92	5·92	5·93	5·94	5·95	5·96	5·97	5·97	5·98	5·99
36	6·00	6·01	6·02	6·02	6·03	6·04	6·05	6·06	6·07	6·07
37	6·08	6·09	6·10	6·11	6·12	6·12	6·13	6·14	6·15	6·16
38	6·16	6·17	6·18	6·19	6·20	6·20	6·21	6·22	6·23	6·24
39	6·24	6·25	6·26	6·27	6·28	6·28	6·29	6·30	6·31	6·32
40	6·32	6·33	6·34	6·35	6·36	6·36	6·37	6·38	6·39	6·40
41	6·40	6·41	6·42	6·43	6·43	6·44	6·45	6·46	6·47	6·47
42	6·48	6·49	6·50	6·50	6·51	6·52	6·53	6·53	6·54	6·55
43	6·56	6·57	6·57	6·58	6·59	6·60	6·60	6·61	6·62	6·63
44	6·63	6·64	6·65	6·66	6·66	6·67	6·68	6·69	6·69	6·70
45	6·71	6·72	6·72	6·73	6·74	6·75	6·75	6·76	6·77	6·77
46	6·78	6·79	6·80	6·80	6·81	6·82	6·83	6·83	6·84	6·85
47	6·86	6·86	6·87	6·88	6·88	6·89	6·90	6·91	6·91	6·92
48	6·93	6·94	6·94	6·95	6·96	6·96	6·97	6·98	6·99	6·99
49	7·00	7·01	7·01	7·02	7·03	7·04	7·04	7·05	7·06	7·06
50	7·07	7·08	7·09	7·09	7·10	7·11	7·11	7·12	7·13	7·13
51	7·14	7·15	7·16	7·16	7·17	7·18	7·18	7·19	7·20	7·20
52	7·21	7·22	7·22	7·23	7·24	7·25	7·25	7·26	7·27	7·27
53	7·28	7·29	7·29	7·30	7·31	7·31	7·32	7·33	7·33	7·34
54	7·35	7·36	7·36	7·37	7·38	7·38	7·39	7·40	7·40	7·41

SQUARE ROOTS OF NUMBERS FROM 10 TO 99

	0	1	2	3	4	5	6	7	8	9
55	7·42	7·42	7·43	7·44	7·44	7·45	7·46	7·46	7·47	7·48
56	7·48	7·49	7·50	7·50	7·51	7·52	7·52	7·53	7·54	7·54
57	7·55	7·56	7·56	7·57	7·58	7·58	7·59	7·60	7·60	7·61
58	7·62	7·62	7·63	7·64	7·64	7·65	7·66	7·66	7·67	7·67
59	7·68	7·69	7·69	7·70	7·71	7·71	7·72	7·73	7·73	7·74
60	7·75	7·75	7·76	7·77	7·77	7·78	7·78	7·79	7·80	7·80
61	7·81	7·82	7·82	7·83	7·84	7·84	7·85	7·85	7·86	7·87
62	7·87	7·88	7·89	7·89	7·90	7·91	7·91	7·92	7·92	7·93
63	7·94	7·94	7·95	7·96	7·96	7·97	7·97	7·98	7·99	7·99
64	8·00	8·01	8·01	8·02	8·02	8·03	8·04	8·04	8·05	8·06
65	8·06	8·07	8·07	8·08	8·09	8·09	8·10	8·11	8·11	8·12
66	8·12	8·13	8·14	8·14	8·15	8·15	8·16	8·17	8·17	8·18
67	8·19	8·19	8·20	8·20	8·21	8·22	8·22	8·23	8·23	8·24
68	8·25	8·25	8·26	8·26	8·27	8·28	8·28	8·29	8·29	8·30
69	8·31	8·31	8·32	8·32	8·33	8·34	8·34	8·35	8·35	8·36
70	8·37	8·37	8·38	8·38	8·39	8·40	8·40	8·41	8·41	8·42
71	8·43	8·43	8·44	8·44	8·45	8·46	8·46	8·47	8·47	8·48
72	8·49	8·49	8·50	8·50	8·51	8·51	8·52	8·53	8·53	8·54
73	8·54	8·55	8·56	8·56	8·57	8·57	8·58	8·58	8·59	8·60
74	8·60	8·61	8·61	8·62	8·63	8·63	8·64	8·64	8·65	8·65
75	8·66	8·67	8·67	8·68	8·68	8·69	8·69	8·70	8·71	8·71
76	8·72	8·72	8·73	8·73	8·74	8·75	8·75	8·76	8·76	8·77
77	8·77	8·78	8·79	8·79	8·80	8·80	8·81	8·81	8·82	8·83
78	8·83	8·84	8·84	8·85	8·85	8·86	8·87	8·87	8·88	8·88
79	8·89	8·89	8·90	8·91	8·91	8·92	8·92	8·93	8·93	8·94
80	8·94	8·95	8·96	8·96	8·97	8·97	8·98	8·98	8·99	8·99
81	9·00	9·01	9·01	9·02	9·02	9·03	9·03	9·04	9·04	9·05
82	9·06	9·06	9·07	9·07	9·08	9·08	9·09	9·09	9·10	9·10
83	9·11	9·12	9·12	9·13	9·13	9·14	9·14	9·15	9·15	9·16
84	9·17	9·17	9·18	9·18	9·19	9·19	9·20	9·20	9·21	9·21
85	9·22	9·22	9·23	9·24	9·24	9·25	9·25	9·26	9·26	9·27
86	9·27	9·28	9·28	9·29	9·30	9·30	9·31	9·31	9·32	9·32
87	9·33	9·33	9·34	9·34	9·35	9·35	9·36	9·36	9·37	9·38
88	9·38	9·39	9·39	9·40	9·40	9·41	9·41	9·42	9·42	9·43
89	9·43	9·44	9·44	9·45	9·46	9·46	9·47	9·47	9·48	9·48
90	9·49	9·49	9·50	9·50	9·51	9·51	9·52	9·52	9·53	9·53
91	9·54	9·54	9·55	9·56	9·56	9·57	9·57	9·58	9·58	9·59
92	9·59	9·60	9·60	9·61	9·61	9·62	9·62	9·63	9·63	9·64
93	9·64	9·65	9·65	9·66	9·66	9·67	9·67	9·68	9·69	9·69
94	9·70	9·70	9·71	9·71	9·72	9·72	9·73	9·73	9·74	9·74
95	9·75	9·75	9·76	9·76	9·77	9·77	9·78	9·78	9·79	9·79
96	9·80	9·80	9·81	9·81	9·82	9·82	9·83	9·83	9·84	9·84
97	9·85	9·85	9·86	9·86	9·87	9·87	9·88	9·88	9·89	9·89
98	9·90	9·90	9·91	9·91	9·92	9·92	9·93	9·93	9·94	9·94
99	9·95	9·95	9·96	9·96	9·97	9·97	9·98	9·98	9·99	9·99

TRIGONOMETRICAL FORMULAE

FORMULAE INVOLVING SINES

Coordinates: $\quad y = r\sin\theta.$

For any angle θ:
$$\sin(90° - \theta) = \cos\theta,$$
$$\sin(180° - \theta) = \sin\theta,$$
$$\sin(360° - \theta) = -\sin\theta.$$

In any triangle: $\quad \dfrac{a}{\sin A} = \dfrac{b}{\sin B} = \dfrac{c}{\sin C} = 2 \times \text{radius of circumcircle}.$

$$\text{Area} = \tfrac{1}{2}bc\sin A = \tfrac{1}{2}ca\sin B = \tfrac{1}{2}ab\sin C.$$

In a right-angled triangle: $\quad \text{sine (angle)} = \dfrac{\text{opposite side}}{\text{hypotenuse}}.$

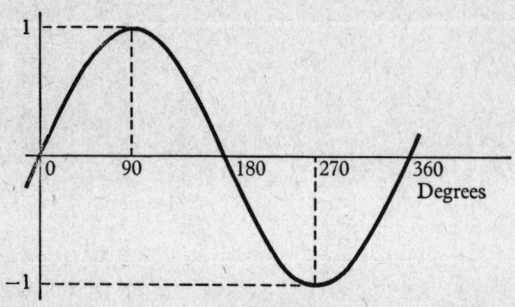

FORMULAE INVOLVING COSINES

Coordinates: $\quad x = r\cos\theta.$

For any angle θ:
$$\cos(90° - \theta) = \sin\theta,$$
$$\cos(180° - \theta) = -\cos\theta,$$
$$\cos(360° - \theta) = \cos\theta.$$

In any triangle:
$$a^2 = b^2 + c^2 - 2bc\cos A,$$
$$b^2 = c^2 + a^2 - 2ca\cos B,$$
$$c^2 = a^2 + b^2 - 2ab\cos C.$$

In a right-angled triangle: $\quad \text{cosine (angle)} = \dfrac{\text{adjacent side}}{\text{hypotenuse}}.$

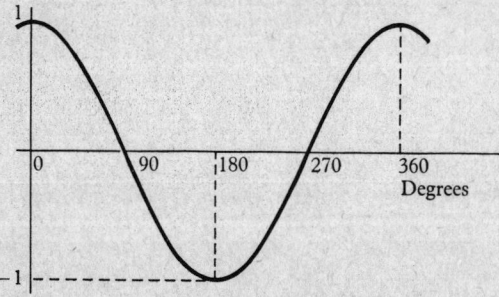

TRIGONOMETRICAL FORMULAE

FORMULAE INVOLVING TANGENTS

Coordinates: $\quad y = x \tan \theta.$

For any angle θ: $\quad \tan \theta = \dfrac{\sin \theta}{\cos \theta}$

$$\tan (90° - \theta) = \dfrac{1}{\tan \theta}$$
$$\tan (180° - \theta) = -\tan \theta,$$
$$\tan (360° - \theta) = -\tan \theta.$$

In a right-angled triangle: $\quad \text{tangent (angle)} = \dfrac{\text{opposite side}}{\text{adjacent side}}.$

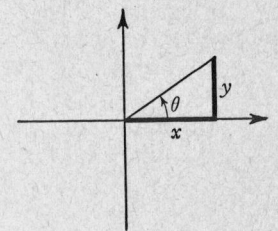

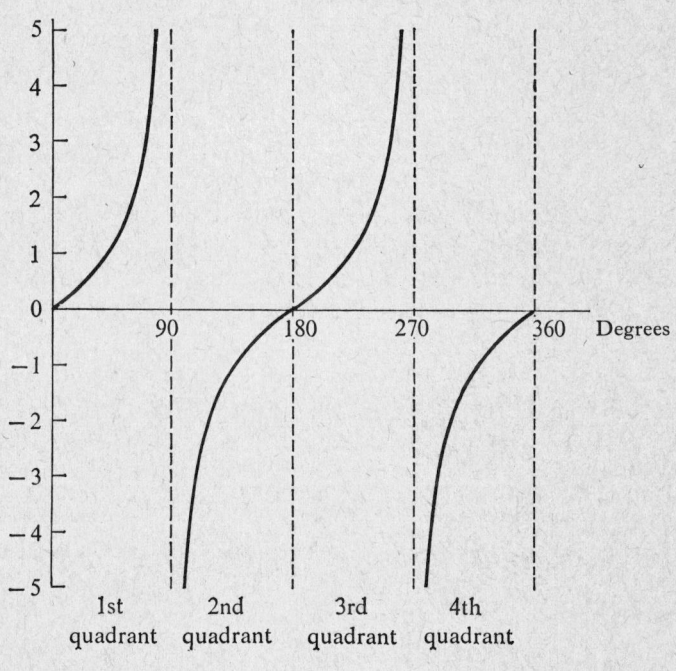

1st quadrant   2nd quadrant   3rd quadrant   4th quadrant

ALGEBRAICAL NOTATION

$x \in A$: the element x is a member of the set A.

$A \subset B$: the set A is a subset of the set B.

$A \cup B$: the union of sets A and B; that is, the set of all elements which are members of set A or set B.

$A \cap B$: the intersection of sets A and B; that is, the set of all elements which are members of both set A and set B.

$\mathscr{E}$: the universal set; that is, the set of all elements under consideration

$\emptyset$: the empty set; that is, the set with no members.

A': the complement of the set A; that is, the set of all elements which are members of $\mathscr{E}$ but are not members of A.

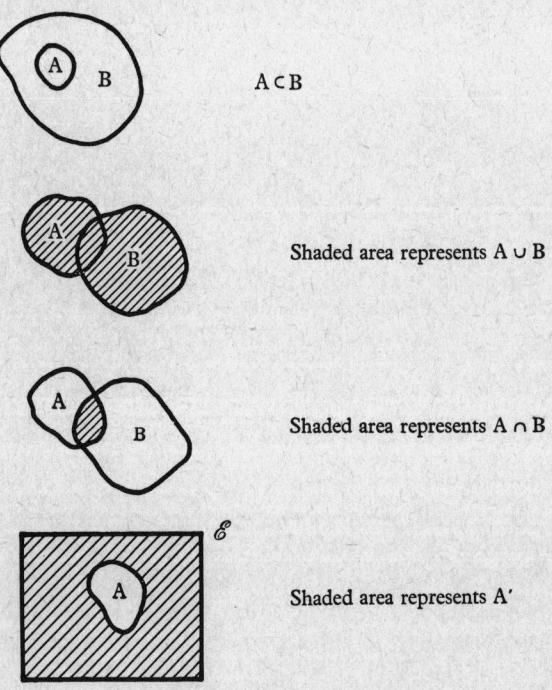

$A \subset B$

Shaded area represents $A \cup B$

Shaded area represents $A \cap B$

Shaded area represents A'

CIRCUMFERENCE, AREA AND VOLUME FORMULAE

Circle: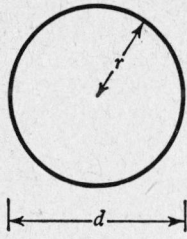

Circumference $= 2\pi r = \pi d$.
Area $= \pi r^2 = \frac{1}{4}\pi d^2$.

Sphere: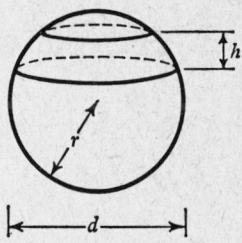

Surface area $= 4\pi r^2 = \pi d^2$.
Volume $= \frac{4}{3}\pi r^3 = \frac{1}{6}\pi d^3$.
Surface area of zone bounded by parallel planes $= 2\pi rh$.

Parallelogram: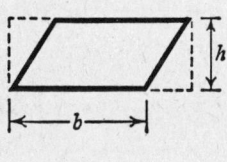

Area $= bh$.

Triangle: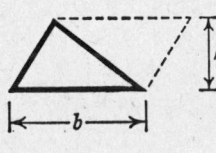

Area $= \frac{1}{2}bh$.

Trapezium: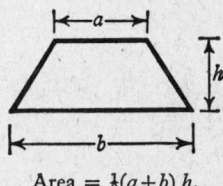

Area $= \frac{1}{2}(a+b)h$.

Prism, including cylinder:

$p =$ perimeter of base

Surface area (excluding ends) $= ph$.
Volume $= Ah$.

For the **circular cylinder**:
  Surface area (excluding ends) $= 2\pi rh$.
  Volume $= \pi r^2 h$.

Pyramid, including cone: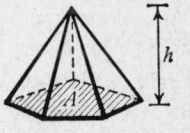

Volume $= \frac{1}{3}Ah$.

For the **circular cone**:
  Surface area (excluding base) $= \pi rl$.
  Volume $= \frac{1}{3}\pi r^2 h$.

The value of π is approximately 3·14.

MEASURES AND PHYSICAL CONSTANTS

Lengths
    1000 mm = 1 m
    100 cm = 1 m
    1000 m = 1 km

Area   1 hectare (ha) = 10 000 m²

Cubic capacity   1 l = 1000 cm³ = $\frac{1}{1000}$ m³

Speed   18 km/h = 5 m/s

Mass   1000 g = 1 kg

Metric prefixes

(M) mega-	$\times 10^6$		(k) kilo-	$\times 10^3$
(h) hecto-	$\times 10^2$		(da) deca-	$\times 10^1$
(d) deci-	$\times 10^{-1}$		(c) centi-	$\times 10^{-2}$
(m) milli-	$\times 10^{-3}$		(μ) micro-	$\times 10^{-6}$

Imperial-metric conversions (3 S.F.):

    1 yard = 0·914 metres
    1 foot = 0·305 metres
    1 inch = 0·0254 metres
    1 mile = 1·61 kilometres ($\approx \frac{8}{5}$ km)
    1 acre = 0·405 hectares
    1 pound = 0·454 kilograms
    1 pint = 0·568 litres
    1 poundal = 0·138 newtons
    1 Fahrenheit unit = $\frac{5}{9}$ Celsius unit

Physical constants (3 S.F.):
  Radius of the earth = 6370 km
  Acceleration due to gravity (g) = 9·81 m/s²
  Velocity of sound in dry air at 0° C = 332 m/s
  Velocity of light = 3·00 $\times 10^5$ km/s

Force

Force is connected with mass and acceleration by Newton's second law:

$$F = ma.$$

When mass, m is measured in kilograms (kg)
and acceleration, a is measured in metres per second per second (m/s²)
then force, F is measured in newtons (N)

The weight of an object of mass m kg is approximately $9·81m$ N.